laji fenlei
zhixing shu

垃圾分类

知行书 幼儿版

于嘉 韩雪◎主编

办公楼

医院

超市

MILK

北京出版集团
北京少年儿童出版社

图书在版编目（CIP）数据

垃圾分类知行书：幼儿版／于嘉，韩雪主编．——
北京：北京少年儿童出版社，2022.10
　　ISBN 978-7-5301-5891-3

　　Ⅰ．①垃… Ⅱ．①于… ②韩… Ⅲ．①垃圾处理—儿
童读物 Ⅳ．①X705-49

中国版本图书馆CIP数据核字(2020)第237198号

垃圾分类知行书

幼儿版

LAJI FENLEI ZHIXING SHU

于嘉　韩雪　主编

*

北　京　出　版　集　团
　　　　　　　　　　　　　　　出版
北 京 少 年 儿 童 出 版 社
（北京北三环中路6号）
邮政编码：100120

网址：w w w . b p h . c o m . c n

北 京 少 年 儿 童 出 版 社 发 行
新 华 书 店 经 销
河北宝昌佳彩印刷有限公司印刷

*

889毫米×1194毫米　16开本　3印张　60千字
2022年10月第1版　2022年10月第1次印刷
ISBN 978-7-5301-5891-3
定价：32.80元
如有印装质量问题，由本社负责调换
质量监督电话：010-58572171

前言

王维平

（北京市政府参事、国家环保部首批特聘环境监察员、北京市生活垃圾
分类推进工作指挥部专家组组长）

地球可以没有人类，但是，人类不能没有地球。我们的衣、食、住、行、购、游都离不开地球，就是飞机，大部分时间也要停在陆地上，制造，维修，加油……

人类为了满足自身的生存和发展，不断地开采、开发地球资源，如：石油、天然气、金属矿石、水源等。"物质不灭定律"告诉我们，人类消耗多少资源，就将产生多少垃圾，久而久之地球资源会越来越少，特别是那些石油、矿石、天然气等不可再生资源。那我们的后代，没了资源还怎么生存和发展呢？

垃圾带来的另外一个问题，就是污染。垃圾如果随意堆放、丢弃，会污染空气、土壤、地下水、江河海洋等地表水。为此，我们必须认真对待和妥善解决垃圾问题，因为，它关系地球环境和资源两大人类面临的难题。

  为了解决"垃圾"这个难题，2020年9月1日颁布执行了《中华人民共和国固体废物污染环境防治法》（修订版），明确规定了解决垃圾问题的总体原则。首先是减量化，就是减少垃圾产生，包括：限制过度包装；不剩餐，光盘行动；旧货交易；资源回收；垃圾分类……其次是资源化，通过各种方法、技术，将废物转化成资源，如：再生纸、再生金属、再生塑料、再生玻璃……这样，既减少了垃圾，减少了污染和处理费用，又可以节约自然资源，留给后代使用。最后是无害化，通过各种工程技术，将垃圾污染控制在最小的范围内且对环境安全。

  为什么要垃圾分类？直接目的是便于分别处理，适合焚烧处理的去发电，适合堆肥的有机物去堆肥，适合填埋的无机物去填埋，等等。第二是便于分别回收利用，去做再生纸、再生塑料等再生制造业的原料。

  推行垃圾分类的另一个深远目的是，教育全体国民珍惜资源，保护环境，人人有责，从我做起，提高国民热爱地球环境的科学高尚的人生追求。并且，从孩子做起，一代代传下去，彰显中华民族的高度责任担当。

目录

目录

垃圾分类　从我做起

　　小朋友，你知道如何进行垃圾分类吗？垃圾分类，就是按一定的规定或标准将垃圾分类储存、分类投放和分类搬运，从而转变成公共资源的一系列活动。请大声地读一读下面的儿歌，并且尝试把它背诵下来吧。

残羹剩饭瓜果皮，菜叶内脏绿桶进；
玻璃金属可乐瓶，纸盒塑料蓝桶进；
电池药品杀虫剂，日化用品红桶进；
尿片瓷片香烟蒂，快餐用品灰桶进；
红灰蓝绿要分清，文明行为真给力。

垃圾是怎么来的

办公楼

高大的办公楼里，每天也在产生着垃圾，有纸张、卡片、快递包装袋等。

医院里会产生很多医用垃圾，如使用过的棉球、纱布、胶布、废水、一次性医疗器具、过期的药品等。

医院

各种工厂也会产生很多垃圾，如化学残渣、废气、废金属等。

每个家庭每天都会有各种生活垃圾。

超 市

3

垃圾是怎么处理的

由于排出量大、成分复杂多样，且具有污染性、资源性和社会性，除了将可回收物进行回收利用外，其他类型的垃圾需要用无害化、资源化、减量化和社会化等专业的方法进行处理，主要方式有填埋、高温堆肥和焚烧三种。

有些垃圾会被运往焚烧炉焚毁。这一燃烧的过程不但能产生能量，还会让那些庞大的垃圾堆最终化为一小撮灰烬。

焚烧

垃圾场变身大公园

245公顷的公园面积、30公顷的碧蓝水面、20万株的乔灌木……这就是由垃圾场还原改造而来的北京最大的湿地公园——南海子公园。

生化处理

有些厨余垃圾，经过好氧处理后，就会变成无味的农作物肥料，人们常把这种方法称为堆肥。

垃圾是怎么分类的

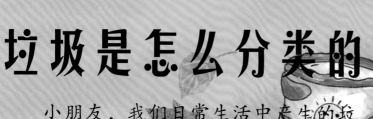

　　小朋友，我们日常生活中产生的垃圾可以分为可回收物、有害垃圾、厨余垃圾和其他垃圾四类，请用连线的方式将下面的垃圾放入对应的垃圾桶吧。

牛奶

可回收物 厨余垃圾 其他垃圾 有害垃圾

7

垃圾分类我知道

小朋友，请你看一看下面两组图，哪个小朋友的做法是正确的，请在做得对的小朋友身上打上"✔"。

厨余垃圾

你知道什么是厨余垃圾吗？厨余垃圾是指菜帮菜叶、瓜果皮核、剩饭剩菜、废弃食物等易腐蚀性垃圾。

牛奶

厨余垃圾找找看

图中的小朋友已经吃饱了。帮她找找看哪些是厨余垃圾，并用画笔圈出来吧。

厨余垃圾

快乐的野餐

下面两幅图中有三处不同，请用画笔把不同的地方圈出来吧。

小贴士：野餐后记得把垃圾带走，分类扔进垃圾桶哦。

13

① ② ⑤ ⑥

你也可以发挥自己的想象，创作出不一样的小人儿哦！

步骤

玉米小人儿

1. 准备材料：剪刀、皮筋、毛线、胶水、玉米皮。
2. 将玉米皮对折后把毛线从中间穿过去，作小人儿的头发。
3. 靠近小人儿1/4处，用皮筋缠住。
4. 给小人儿的头发编上小辫子。
5. 在小人儿的中部缠上皮筋。
6. 用剪刀把小人儿底部从中间剪开。
7. 把底部分开的两侧用皮筋固定。
8. 剪一段长度适中的玉米皮，从小人儿身子中间穿过去，作小人儿的胳膊。
9. 给小人儿的胳膊用皮筋绑好。
10. 把短毛线粘在小人儿的头部，作刘海。

蔬菜创意拼插

小朋友，剩菜叶、瓜果皮有时候也能给生活带来无限的乐趣呢。看一看，并说一说图中的蔬菜都拼成了什么，然后发挥你的想象力，制作自己的蔬菜创意造型吧。

可回收物

可回收物，是指已经失去原有全部或者部分使用价值，回收后经过再加工可以成为生产原料或者经过整理可以再利用的物品，主要包括废纸类、塑料类、玻璃类、金属类、电子废弃物类、织物类等。

可回收物大搜索

小朋友们正在聚餐，他们吃完饭后，桌子上的东西就要扔掉了，请仔细观察下图，并把纸杯、矿泉水瓶和易拉罐三种可回收物找出来吧。

——个纸杯，——个易拉罐，——个矿泉水瓶。

可回收物涂色

小朋友，把可回收物用彩笔涂上颜色吧。

可回收物小手工(一)

狮子

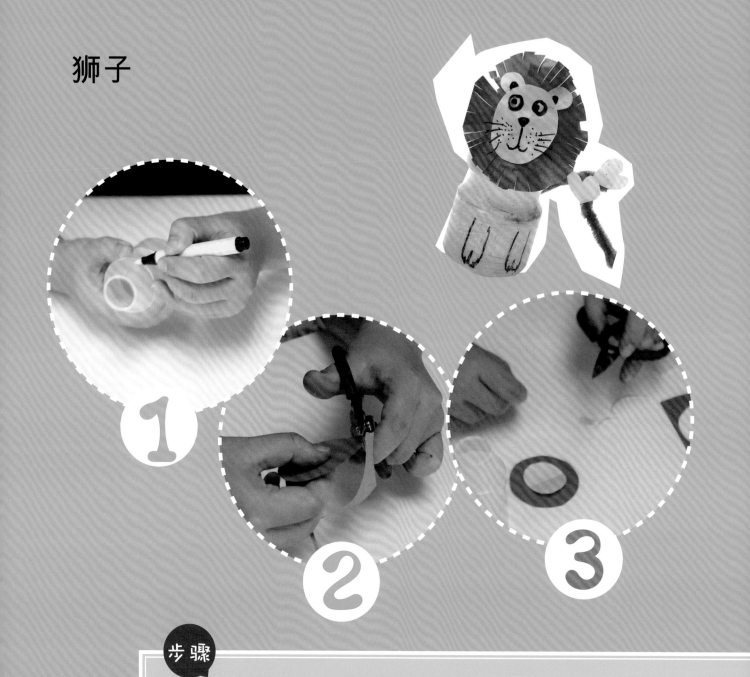

1.用彩笔将小塑料瓶涂上黄色。

2.在橘色的纸上画一个圆形,然后用剪刀沿线剪下。

3.再在浅黄色纸上剪出一个圆形,作狮子的头和耳朵,然后贴到橘色的纸上。

你也可以发挥自己的想象，
创作出不一样的狮子哦。

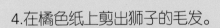

狮子

4.在橘色纸上剪出狮子的毛发。

5.给狮子画上可爱的表情，然后将其贴到小瓶上。把合适长度的绒丝线

粘到瓶子底部，作狮子的尾巴，还可以剪一个小爱心装饰一下狮子的尾

巴哦。

可回收物小手工（二）

树

1.准备材料：卫生纸纸芯、彩纸、小塑料瓶、绒铁丝、彩笔。

2.将卫生纸纸芯一端随意剪成条状作树枝。

3.剪完后将树枝向下轻轻压一下，使其形状更漂亮。

4.用深绿色和浅绿色的纸，剪出树叶的形状。

5.将剪好的树叶粘在树枝上，注意深色树叶和浅色树叶要搭配一下哦。

树

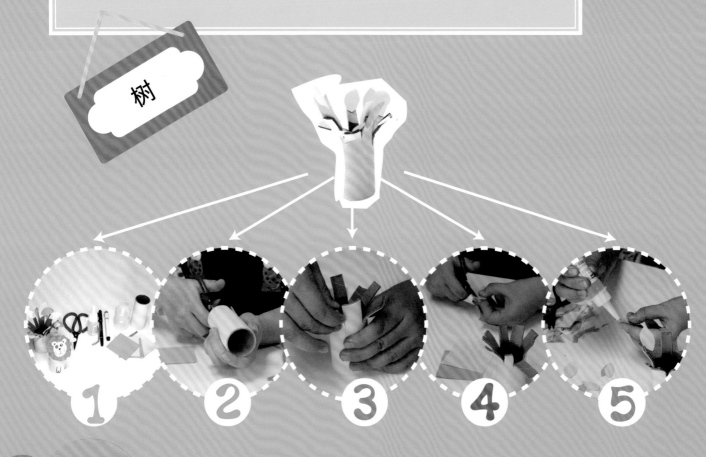

① ② ③ ④ ⑤

其他垃圾

其他垃圾，是指除厨余垃圾、可回收物、有害垃圾之外的生活垃圾，以及难以辨识类别的生活垃圾。

其他垃圾

洗衣液

保鲜膜

有时候只要我们动一下脑筋，其他垃圾就可以变成可回收物啦。看，图中的洗衣液瓶变得多漂亮。

趣味连线

漂亮的花园正需要装扮，请按照数字顺序进行连线，然后看一看可以画出什么漂亮的东西出来吧。

垃圾连连看

小朋友，画一条线把其他垃圾连起来吧！
（注意：不一定是直线哦！）

其他垃圾小手工

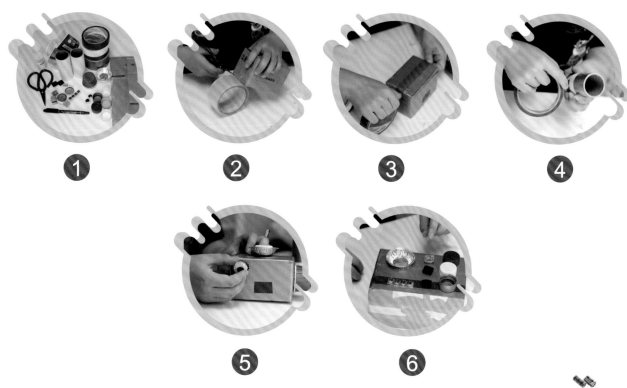

① ② ③ ④

⑤ ⑥

1.准备材料：卫生纸纸芯、彩色胶带、透明胶带、酸奶杯、蛋糕托、蛋挞托、矿泉水瓶盖、啤酒瓶盖、剪刀、胶水、快递包装纸盒、废旧键盘、二极管、彩笔、塑料眼睛。

2.用透明胶带将纸盒四面封住。

3.用银色胶带将快递包装纸盒各面包裹起来。（用彩色胶带装饰一下，会使机器人更漂亮哦。）

4.用彩色胶带将卫生纸纸芯和酸奶杯包好。

5.将塑料眼睛贴到啤酒瓶盖上，作机器人的眼睛；将二极管插入矿泉水瓶盖，然后粘到锡纸托上，作机器人的天线。

步骤

⑦　⑧　⑨

⑩　⑪

你也可以发挥自己的想象，创作出不一样的机器人哦。

步骤

6.将蛋糕托、制作好的眼睛和天线，分别贴在小纸盒上，做出机器人的头部。

7.将彩色瓶盖、键盘按钮、蛋挞托贴在大一点的纸盒上，装饰机器人的身体。

8.将酸奶杯粘在其底部作机器人的腿。

9.再粘上装饰好的卫生纸纸芯，作胳膊。

10.用彩笔在机器人身体各部位画上漂亮的图案。

11.用胶水将机器人头部和身体粘好。

小朋友，看一看图中的造型都像什么。想想看，生活中，还有哪些其他垃圾经过改造后可以变成可回收物呢。

有害垃圾

有害垃圾，是指生活垃圾中的有毒有害物质，主要包括废电池（镉镍电池、氧化汞电池、铅蓄电池等），废荧光灯管（日光灯管、节能灯等），废温度计，废血压计，废药品及其包装物，废油漆、溶剂及其包装物，废杀虫剂、消毒剂及其包装物，废胶片及废相纸，等等。

小·贴士：现在我们常用的5号电池、7号电池这种类型的电池已经从制作上做到了无汞，所以只需要投到其他垃圾的垃圾桶里就可以啦。

垃圾迷宫

放学啦，小名要回家必须绕过有害垃圾，请用画笔画出路线，帮助她以最快的速度回家。

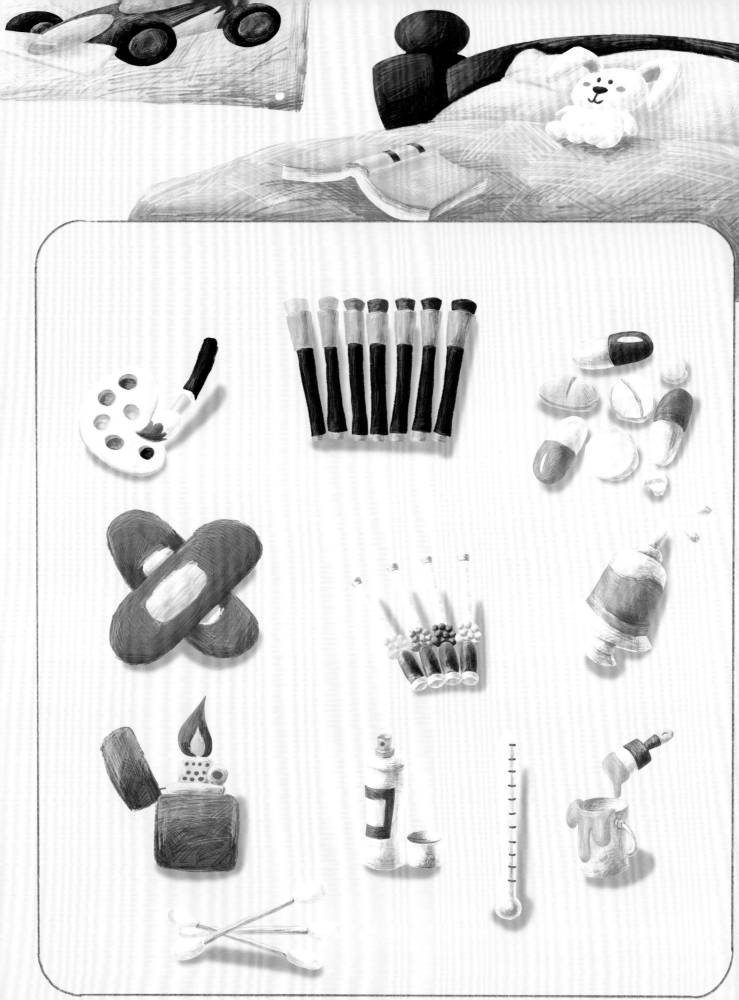

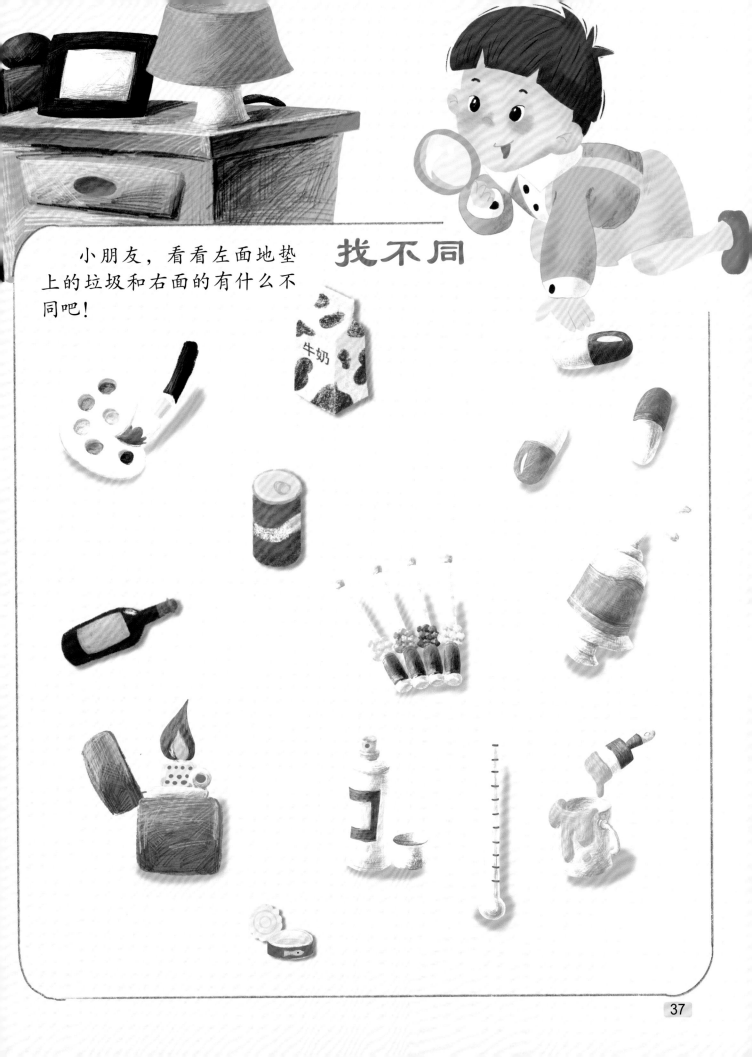

小朋友，看看左面地垫上的垃圾和右面的有什么不同吧！

找不同

牛奶

有害垃圾小手工

1

1.准备材料：塑料眼睛、废旧粉饼盒、瓶盖、剪刀、笔、彩纸、胶水。

2

2.用胶水将瓶盖粘在粉饼盒上。

**3**

3.将塑料眼睛粘在瓶盖上。

4

4.在红色的彩纸上画出舌头的形状。

5

5.舌尖处画上一些点点，会让舌头看起来更逼真哦。

大眼长舌怪

6.用剪刀沿线剪下。

6

7.将粉饼盒打开，把舌头粘到里面。

7

创意简笔画

我们在对垃圾进行分类投放时，不同颜色的垃圾桶也代表了它所装的垃圾的种类，请根据垃圾车上的规律，猜一猜下图中这些袋子里装的分别是哪种垃圾吧。

创意化妆品瓶

小朋友，你知道吗？废旧的化妆品瓶也是有害垃圾呢。参考下面这些由废化妆品瓶变成的摆件，试着自己动手给妈妈做一个漂亮的摆件吧。